# 金蝉生态养殖技术
# 及药食两用价值

主　编　李松林　郭梦斐
副主编　毛　茜　方志军
参　编　梁　振　赵　伟　甘　露　贾中亮
　　　　梁尔康　姬传西　杨　振　金梦洁
　　　　张振生　尹佳钰　钱丽君　吕欣妮
　　　　贾保磊

苏州大学出版社
Soochow University Press

**图书在版编目(CIP)数据**

金蝉生态养殖技术及药食两用价值 / 李松林,郭梦
斐主编. —苏州:苏州大学出版社,2022.3 (2023.7重印)
ISBN 978 - 7 - 5672 - 3897 - 8

Ⅰ.①金… Ⅱ.①李… ②郭… Ⅲ.①蝉科-饲养管
理 Ⅳ.①S899.9

中国版本图书馆 CIP 数据核字(2022)第 034213 号

金蝉生态养殖技术及药食两用价值

主　　编:李松林　郭梦斐
责任编辑:刘一霖
装帧设计:刘　俊

出版发行:苏州大学出版社(Soochow University Press)
社　　址:苏州市十梓街 1 号　邮编:215006
印　　刷:广东虎彩云印刷有限公司
邮购热线:0512 - 67480030
销售热线:0512 - 67481020

开　本:880 mm×1 230 mm　1/32　印张:2.625　字数:51 千
版　次:2022 年 3 月第 1 版
印　次:2023 年 7 月第 3 次印刷
书　号:ISBN 978 - 7 - 5672 - 3897 - 8
定　价:20.00 元

图书若有印装错误,本社负责调换
苏州大学出版社营销部　电话:0512 - 67481020
苏州大学出版社网址　http://www.sudapress.com
苏州大学出版社邮箱　sdcbs@suda.edu.cn

# 前 言

　　金蝉是黑蚱蝉出土且尚未蜕壳的成熟若虫。黑蚱蝉若虫羽化为成虫时蜕下的皮壳叫蝉蜕，是历史悠久的常用中药材。由于生态环境的变化，以及金蝉食用和蝉蜕药用需求量的增长，加上野生黑蚱蝉自然生长周期较长，野生资源逐年减少。仅依靠野生资源已难以满足市场需求。大力发展规模化金蝉生态养殖迫在眉睫。

　　本读物在简述金蝉生态养殖的意义和生态学特征的基础上，结合作者团队近年来在江苏省沛县鹿楼镇和丰县华山镇的研究成果和养殖经验，较详细地讲解了金蝉生态养殖的相关技术，并较系统地介绍了金蝉的药食两用价值。希望本读物能给有志金蝉养殖的朋友以技术指引，助其提升金蝉养殖效率，满足药食两用市场需求，在提高经济效益的同时，带来较好的社会和生态效益。

　　本读物图文并茂、通俗易懂，适合金蝉养殖户阅读，也适合中医药院校师生参考。

　　本书的编写与出版得到了南京中医药大学附属中西医结合医院、江苏省中医药研究院、江苏省中医药管理局、江苏省农业科学院、江苏省沛县鹿楼镇人民政府、江苏省沛县自然资源和规划局、江苏

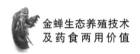

省沛县卫生健康委员会、江苏省沛县鹿楼镇滩面金蝉养殖专业合作社、江苏省沛县鹿楼镇沙土窝金蝉养殖合作社、江苏省丰县手语金蝉养殖专业合作社、丰县金蝉哥销售中心、河南省商丘市梁园区达康种养殖家庭农场的支持，部分研究工作得到了江苏省中医药科技发展计划重点项目（ZD202103）的资助，书稿的出版还得到了苏州大学出版社编辑刘一霖女士的指导和帮助。在此我们一并致谢。

由于金蝉养殖研究时间短，科学研究数据还欠丰富，加上编写时间紧和编者水平有限，本书一定存在许多不足，欢迎读者朋友批评、指正。我们将不断加强研究，积累成果，以便再版时修订和完善。

编者

# 【目 录】

# 第一章

## 绪言

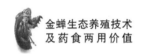
金蝉是黑蚱蝉出土且尚未蜕壳的成熟若虫。金蝉在全国各地的叫法不一，如蝉猴、蝉龟、知了猴、知了龟、爬蚱、爬拉猴、爬树猴、雷震子、金蝉子等。江苏省沛县方言称之为肚拉龟、结了猴或结了龟。金蝉食用口感独特而鲜美，营养价值高，是优质的高蛋白、低脂肪虫类食品。若虫羽化为成虫时蜕下的皮壳称作蝉蜕，是药用历史悠久的常用中药材。

近年来，金蝉野生资源不断减少，其原因：一方面，部分地区森林面积减少造成野生金蝉繁殖和栖息地减少，生存环境受到威胁；另一方面，金蝉和蝉蜕的市场需求越来越大，导致人为过度捕捉。江苏、山东、安徽和浙江等地区金蝉食用需求量较大。据统计，2021年6~7月江苏省沛县鹿楼镇食用金蝉销售量达2 300多吨。蝉蜕作为疏散风热、利咽透疹的中药材，不仅是各级医院、药房常用中药饮片，也是许多中药制剂的重要原料，如经典中成药黄氏响声丸、拨云退翳丸、苏黄止咳胶囊等均使用蝉蜕为原料。据报道，在2018年国内中成药制剂中，动物药使用频率前十位品种中，蝉蜕位列第七（图1），已超过阿胶等药材。此外，野生金蝉的自然生长周期较长，一般3~5年才能完成一代。显然，仅依靠野生资源难以满足市场需求，因此发展规范化金蝉生态养殖产业迫在眉睫。

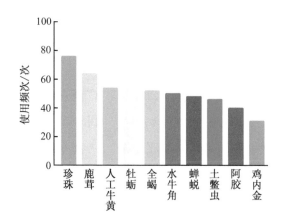

**图 1　2018 年国内中成药制剂中动物药使用频率前十位品种**

金蝉生态养殖的意义主要体现在经济效益、社会效益和生态效益三个方面。

## 一、经济效益

据调查，2021 年金蝉的市场价格约为 170 元/公斤。以徐州沛县鹿楼镇为例，当地采用规范化的榆树林下抚育模式，1 亩（1 亩≈666.67 平方米）林地可采收金蝉 65~100 公斤，亩均销售收入达 11 000 元；在梨树、桃树、苹果树等果树下抚育金蝉，每亩可增收 5 000~8 000元。据统计，2021 年 6~7 月，鹿楼镇农民销售金蝉收入达 3 亿元。可见，金蝉的规范化生态养殖能够高效带动农民脱贫致富，推动社会经济发展。

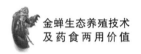
## 二、社会效益

金蝉生态养殖产业带动了群众广泛参与，通过提高各环节人员的专业化水平，解决农民就业，为社会减轻负担。近年来，徐州沛县鹿楼镇建立金蝉养殖合作社16个，共有1 000多户约5 000多人参加了金蝉养殖，已初步构建了金蝉养殖资源信息共享、共同发展的行业平台，带领群众共同致富，同时带动了乡村文明进步。

## 三、生态效益

金蝉养殖需要植树造林。种植榆树、各种果树等树木有利于防风固沙，改善生态环境，在创造经济效益和社会效益的同时，也能打造"绿水青山"的生态环境，产生可持续发展的生态效益。金蝉养殖对自然环境要求较高，需对养殖林区的空气、水质、土壤进行定期检测。

徐州沛县鹿楼镇以"创新、绿色、健康、循环"为发展理念，大力推进金蝉种业研发、生态养殖、质量安全综合标准化全程管理等。徐州沛县鹿楼镇现有供金蝉养殖的榆树和各种果树林地面积达36 000亩，土地绿化率已达49.1%。可见，金蝉养殖可推进产地的生态环境改善，实现金蝉养殖产业与生态环境保护的共同发展。

# 第二章

## 金蝉生态学特征

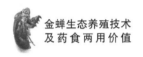
# 第一节　金蝉形态特征

金蝉属于昆虫纲半翅目蝉科蚱蝉属，是黑蚱蝉（*Cryptotympana pustulata* Fabricius，异名 *Cryptotympana atrata* Fabricius）的成熟若虫。黑蚱蝉为不完全变态昆虫，生长经历卵、若虫、成虫三个阶段，而各阶段具有不同的形态特征。

## 一、卵

卵呈微弯曲的长椭圆形或长梭形，一端较尖削，另一端较钝圆；长 2.5~3.5 mm，宽 0.5~0.9 mm；呈乳白色，有光泽。（图 2）

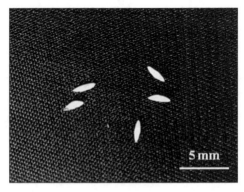

图 2　蝉卵

## 二、若虫

若虫通常分为四龄，形态特征见表1及图3至图5。

表1 若虫的形态特征

| 若虫 | 身体 | 头 | 胸 | 腹/足 |
|------|------|-----|-----|--------|
| 一龄 | 体长 2.3～6.7 mm，乳白色，呈"虱"形 | 头壳宽 0.5～1.1 mm | 胸呈淡青色，前胸隆起，密生黄褐色绒毛 | 腹10节，腹部膨大，腹面内凹呈"矛"状；足呈淡青色，前足为开掘式，能爬行 |
| 二龄 | 体长 4.3～12.1 mm，浅褐色，呈"虱"形 | 头壳宽 1.6～2.0 mm | 前胸背板有不明显的灰黑色倒"M"纹 | 腹部膨大，侧缘有一列疣状突 |
| 三龄 | 体长 9.9～20.5 mm，褐色 | 头壳宽 4.1～5.0 mm，头冠、触角前区呈黄褐色，密生浅红褐色绒毛，触角呈黄褐色 | 前胸背板呈灰黄褐色，有黑褐色倒"M"纹，中后胸呈淡青色，侧缘具翅芽，前翅芽显现 | 腹部明显膨大，臀板呈圆锥形，端部呈黑褐色 |

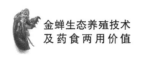
续表

| 若虫 | 身体 | 头 | 胸 | 腹/足 |
|---|---|---|---|---|
| 四龄 | 体长 20.2 ~ 35.4 mm，呈棕褐色 | 头壳宽 10 ~ 11.9 mm，头冠、触角前区呈红棕色，密生黄褐色绒毛，触角呈黄褐色；头冠后缘 1/5 至 1/2 处中部有一黄褐色纵纹，到前缘分叉直达触角基部，形成"人"字形纹 | 前胸背板前部 2/3 处有黑褐色倒"M"纹；翅芽前半部呈灰褐色，后半部呈黑褐色，翅脉明显 | 腹部不膨大，呈黑棕色，雌性产卵器壳形成，呈黄褐色 |

图 3 蝉蚁（刚孵化出的若虫）

图 4　三至六个月龄若虫　　　图 5　蝉蛹（二至三龄若虫）

## 三、成虫

　　雄性成虫头壳宽 10~11.9 mm，体长 36~48 mm（平均 41 mm），总长（包括翅）56~69 mm（平均 64 mm），翅展 113~133 mm。全身漆黑，被有金属光泽。头冠稍宽于中胸背板基部。前翅比体长。腹部约与胸部等长。头部宽短。复眼呈淡赤褐色，大而突出。单眼呈淡红色。后唇基发达，中央有短纵沟，两侧有黑褐色横纹。头部前缘中央及额上方各有红黄色至黄褐色斑纹 1 块。前胸背板呈黑色，中央有"I"形隆起，其上有细刻纹，侧缘呈波状。中胸背板宽大，中央有"X"形黄褐色隆起，密生黄色绒毛。雄性腹部第一至二节有鸣器，腹部除第八至九节外，各节侧缘及后缘均为黄褐色。成虫具刺吸式口器。该刺吸式口器由 4 根口针组成。

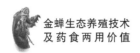

　　雌性成虫体长 38~44 mm，翅展 125~150 mm。其与雄性成虫最大的区别是无鸣器，有听器，腹瓣很不发达，产卵器显著而发达（图6）。

图6　成虫背面和腹面观（左侧两个为雄性，右侧两个为雌性）

# 第二节　金蝉生活习性

## 一、生命周期

在自然状态下，金蝉通常3~5年完成一代。金蝉的卵在植物枝条的木质部内越冬，次年5月开始孵化成蝉蚁，自然落入土壤中，秋后向深土层移动越冬。各龄若虫集中在土壤内植物的根系上，在土壤内刺吸根系汲取营养，不断发育。3~5年后的6月中旬开始，成熟若虫通常在雨后傍晚钻出地面，爬至植物茎秆上蜕皮羽化。若虫的出土高峰期集中在6月下旬至7月上旬。若虫羽化后即为成虫，于7月中下旬开始交尾产卵。7月下旬至8月中下旬为产卵盛期。蝉的成虫寿命较短，通常只有一个月左右。

## 二、蝉卵特性

蝉卵通常位于枝条木质部内（图7）。蝉卵的卵期一般为8~12个月。温度和湿度是影响卵孵化的直接因素。当年产的卵在枝条内越冬。次年夏天，当温度在28 ℃~

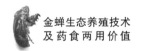

图7 卵枝及内部蝉卵

32 ℃，湿度在 70% 左右时，卵开始孵化。6 月中旬为孵化盛期，6 月下旬孵化完毕，自然孵化率比较低。若蝉卵经过人工抚育孵化，孵化率可达 90% 以上。

在自然状态下，蝉卵孵出时间多在白天，以 8~12 时居多。此时段孵化量占总孵化量的 60%~80%。人工孵化蝉卵时，蝉卵孵出时间多为 6~10 时。卵最初呈乳白色，在快开始孵化时呈淡黄色，卵壳近乎透明，其中若虫身体明显可见。

## 三、若虫习性

若虫在羽化为成虫之前，会经历孵化入土、土中生活、出土羽化三个阶段。

### （一）孵化入土

若虫孵化前复眼变大呈黑色，前足连接在一起来回运动，借此划破卵壳。若虫一出壳即蜕皮。蜕下的皮自动形成一根长长的细线。若虫依靠此附着在树枝上。初孵若虫又名蝉蚁，体长2.2~3 mm，通体呈乳白色。

蝉蚁孵出后从树枝的木质部钻出，随风自然落地，落地后用前爪挖出小洞钻入地下，寻找细小的树侧根或须根，刺吸汁液汲取营养。若土壤上层无适宜树根，蝉蚁可一直钻至70~80 cm深处寻找，直至找到可吸树根为止。

### （二）土中生活

若虫在树根附着，以植物根系养分为食，开始地下生活。不同龄期的若虫会营造大小不同、近似椭圆的土室。土室外表粗糙，内壁光滑、湿润。壁的一部分附着在植物根上，便于吸食。一龄至四龄的若虫逐渐从细根向粗根转移，土室也随着虫龄的增长逐渐变大。若虫每

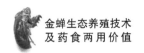
年 6~9 月蜕皮 1 次，并随气温升降在土中上下移动。春暖后，若虫由土层深处移至距地面 20 cm 左右的土层中沿树根营造土室，吸食汁液；秋凉后温度下降，若虫向下转移，钻入 60~100 cm 处的深土层中避寒越冬；第二年春季，随着气温回暖，若虫又向上迁移至树根附近刺吸取食。一龄若虫多附着在细根或毛细须根上刺吸，头朝下，分布在地下较浅位置，通常在地表土层以下 40~90 cm 处；二至三龄若虫多附着在粗根上，头朝上，分布在地下较深位置。

### （三）出土羽化

金蝉出土羽化的时间与气温及土壤湿度密切相关，出土羽化的高峰期一般在日平均气温达 22 ℃以上、雨季来临时。此时，表层土松软，成熟若虫易于爬出地面。若虫羽化出土前，先掘羽化洞，在洞顶留一层薄土，出土时先顶破薄土层，在土表掘一小孔，待傍晚时再将小孔扩大，出土爬出洞外。由于土壤硬度、湿度不同，若虫掘洞出土时间有早有晚，出土时间多在傍晚至午夜，少数在凌晨，以 20~22 时为最多。成熟若虫出土羽化不是一次性掘土而出，而是掘掘停停。刚出土时若虫外皮呈金褐色、半透明，通体沾满泥土。

成熟若虫出土后，会凭本能在附近寻找合适的地点蜕壳羽化。若虫找到合适的地点后就会用挖洞的前爪和腿缓慢攀缘，沿树干爬行一段后静伏不动，开始羽化。羽化过程分为 5 个时期，共历时 60~150 分钟。每个时期的状态见表 2 及图 8。

表 2　若虫羽化的 5 个时期

| 羽化期 | 身体变化 |
| --- | --- |
| 固定期 | 腿牢牢扣住树枝等攀附物，身体与壳分离，足不动，保持静止，等待羽化开始 |
| 胸背裂缝期 | 背部不断隆起，胸腹结合处逐渐收缩；外皮在背部靠近头的位置纵向裂开一道缝，头向下弯，背部随后拱出，头胸渐出，直立 |
| 前、中足抽出期 | 腹部不断向上蠕动，前、中足逐渐从壳中抽出，身体露出大半，翅芽出壳，折叠紧贴胸侧，身体直立，只有腹部末端与旧皮相连 |
| 后足抽出期 | 身体逐渐后倾，与壳呈约 120°，翅半开，与体垂直，腹部末端 1~2 节仍留在壳内，上半截身体缓缓弯下来，整个身体倒吊，保持这种姿态以晾干新皮，使其坚硬 |
| 出壳上卷期 | 腹部收缩，前胸抵壳前部，身体上卷，六条腿抓住旧皮，将腹部末端从旧壳中抽出，至此新体与旧壳完全分离 |

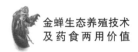

①—固定期；②—胸背裂缝期；③—前、中足抽出期；
④—后足抽出期；⑤—出壳上卷期。

图 8　若虫羽化的 5 个时期

刚经历羽化的蝉的身体非常柔弱，翅膀尚未展开，需要调整和加强机体各部分。蝉翅逐渐风干，渐渐展开，贴于背上呈屋脊状。最初翅脉呈绿色，体呈淡肉红色，足呈黄褐色，数小时后虫体及翅色逐渐加深，直至翅基呈烟褐色，翅脉呈黑褐色，虫体呈灰黑色。

## 四、成虫习性

若虫经历羽化后变为成虫。成虫静伏一段时间就开始爬行或飞翔，飞翔能力较强，飞翔距离可达 50 m 以上。成虫很少随意飞翔，常栖息于鲜嫩且没有木质化的阔叶树的树干上。两对膜质翅膀收拢于背部。成虫受到惊扰时会飞逃。雄性成虫在夏季不停鸣叫，鸣声单调尖锐，穿透力强。鸣叫行为受气温和光照影响。在通常情况下，雄性成虫在 9 时左右、气温达 25 ℃以上时开始鸣叫。随着气温的升高，其声音越来越频繁而响亮。

成虫具有群居性和群迁性。群居的蝉白天多栖息于小树上，晚上多群栖于大树上，8~11 时，成群从大树向小树转移，16~20 时又成群从小树向大树集中。

成虫出土后 15 天左右开始交尾。交尾时间多集中在 12~16 时。交尾后的雌性成虫多选择在肥嫩粗壮、枝叶间距大、表皮光滑且没有木质化的枝条，尤其是当年萌发的直径为 2~7 mm 的枝条上产卵。产卵时，雌性成虫

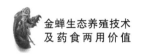
先找上翘的合适枝条，探测适当的产卵位置，再用锋利的产卵器刺破枝条的表皮和木质部，形成斜的爪状产卵孔，把卵产于木质部内，与枝条平行或稍斜放置。卵窝密接，呈单排或双排直线排列，少数弯曲或呈螺旋状排列。雌性成虫腹内怀卵 1 000~2 500 粒，平均 1 500 粒。每枝产卵量为 350~860 粒。产卵期为 7 月下旬至 9 月中下旬，8 月为产卵盛期。

成虫具有一定的趋光性。雌性成虫趋光性比雄性强。成虫还具有扑火习性，夜间扑火习性更为明显。

# 第三章

## 金蝉生态养殖技术

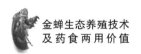
　　金蝉的寄主树种十分广泛，主要有榆树、柳树、杨树、桃树、苹果树和梨树等。人工养殖无须特别饲养，金蝉即可正常生长。人工养殖金蝉包括植树造林、卵枝采集、卵枝保存与孵化、殖种、采收与储存等环节。

# 第一节　植树造林

　　植树造林的目的是为金蝉提供营养来源和栖息产卵地。养殖金蝉产量较高的常见树木包括榆树、苹果树、梨树等根系发达的树种。下面将根据树种的不同分别介绍栽种要点。

　　榆树耐寒且根系发达，通常选择土壤较为疏松、距水源近的地方种植。其树苗的种植时间一般在春季。株距约 1.5 m，行距约 3 m。（图 9）榆树对水分的需求不是特别大。每次浇水确保土壤湿润即可。新栽植的榆树一般要浇水三次：栽植结束时浇一次，间隔 3~5 天浇一次，15 天左右再浇一次。施肥一般在种植一周后，选用有机肥，在根部边缘处进行。

图9　榆树林

　　苹果树的栽培树种为矮化树种，可长至 3~5 m。树苗的种植时间一般在春季，种植前需翻松土地并挖穴，施足够的农家肥。为满足采光和通风要求，栽种应选择南北方向，保证株距约 1.5 m、行距约 3 m（图10）。种植后需填土、踏平并浇水。苹果树在生长过程中需要及时修剪枝条并施肥。

　　梨树一般在春季种植，选择土质疏松、土壤有机质含量较高、灌溉和排水条件良好的地方种植。栽种方式多为垄栽，株距约 3 m，行距约 4 m。（图11）栽种前先挖掘 30 cm×30 cm 的定植穴，将腐熟的农家肥和表层土混匀后填入定植穴，然后浇水沉实。梨树苗定植的深度不宜过大，苗木原有的根茎与地面保持平齐即可。定植完成后立即浇灌充足的水。给梨树施加的肥料以有机肥、复合肥为主，以无机肥、单质肥为辅。梨树在生长过程中需及时整形修剪。

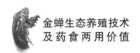

图 10　苹果树林

图 11　梨树林

# 第二节 卵枝采集

## 一、野外采集

初级种源可以在野外的自然环境采集。一侧扁平干枯，且表面粗裂、不完整，呈锯齿状凸起的枝条，通常为含蝉卵的枝条，即卵枝（图12）。8月至次年1月是采集金蝉卵枝的时间。金蝉卵枝的采集可以选择树密蝉多的地方。工具可选果树剪、高枝剪或顶端带钩的长杆。将枝条掰开折断后可看到枝条木质部嵌有大量乳白色长椭圆形卵。可将枝条剪下后，去除上部多余的无卵枯梢，在产卵窝痕的下部留出 10~15 cm 无卵枝条部分，把枝条的叶片摘除，将卵枝扎成捆（每捆20、50或100枝不等）备用。采集卵枝的树种通常包括杨树、白蜡、梨树、苹果树、李树、桃树（图13）。

## 二、直接购买

卵枝的购置一般在秋冬季进行，为第二年孵化金蝉做准备。购买卵枝首先要观察外观，应选择粗壮、直长、

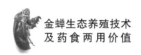
整齐的卵枝。最重要的是卵区长度。卵区长度大于
10 cm、当年采集的卵枝条为佳。

图12　含有蝉卵的枝条

图13　不同树种的卵枝
（从左至右树种依次为杨树、白蜡、梨树、苹果树、李树、桃树）

# 第三节　卵枝保存与孵化

## 一、卵枝的保存

采集好的卵枝首先需要除螨。具体操作如下：向大型容器或池子里放入除螨剂，将卵枝浸泡其中，约4小时后取出，用清水冲洗后阴干，再继续浸泡，重复除螨3次，最后一次除螨后阴干，然后放在室内搭好的高架上通风保存。将卵枝成排整齐摆放，中间留一定空隙，使空气流通，避免日光暴晒。（图14）若气候干燥，可以向卵枝喷水，并适当翻动，以免发霉。卵枝存放的湿度保持在30%左右，室温保持在0℃以上。室内保持通风状态并维持至次年3月。

## 二、卵枝的孵化

采集的当年卵枝需经过一个冬季的休眠期后才能进行孵化。采卵的次年3~5月是孵化金蝉的最佳时期。而进入8月，金蝉的蝉卵开始大量衰亡，生命力降低，在孵化前就出现死亡，在孵化过程中死亡更严重，成活率相对较低。

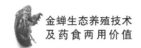

（a）

（b）

图 14　卵枝的保存

蝉卵的孵化是金蝉人工养殖的关键环节。3月下旬气温回升。此时养殖人员可以对去年保存的金蝉卵枝进行人工干预孵化。

孵化前的重要环节就是卵的催醒。催醒方法：首先将架子上的卵枝取下，用清水浸泡2~6小时，泡透后放回架子上，避免阳光直射，保持湿度在60%左右。控制湿度以"见干即喷"为原则。在一般情况下，浸泡过后一周内，每2~3天喷一次水，一周之后，每4~7天喷一次水。用喷头对着枝条外缘喷至卵枝完全湿透，用手摸起来有软性即可。若3月下旬催醒，补水要持续35~40天。在此期间不定期用鼓风机或其他鼓风设备进行通风，唤醒卵枝里的蝉卵。若4月催醒，为保证5月殖种，还应适当加温使室温保持在26℃~35℃。

综上所述，温度、湿度及通风是人工孵化蝉卵过程中需要控制的三个关键因素。

第三章 金蝉生态养殖技术

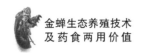
# 第四节　殖　种

金蝉殖种的适宜时间是 5 月到 7 月中旬。此时外界的温度和湿度有利于金蝉入土生长。

## 一、殖种前准备

殖种前的准备工作：首先是选择林地，要求向阳防冻，土质松软、肥沃且无化学污染，土地不能过于干燥，也不能含水量过高或存在积水，以"干能浇、涝能排"为宜。其次是选择树种，一般选择侧根发达、年生长量大的树种。材林可选择榆树、柳树、杨树等，果树可选择苹果树、梨树等。再次是清除敌害。蚂蚁严重威胁金蝉的生存，故为保证若虫不受蚂蚁的侵袭，养殖人员应在殖种前彻底驱除蚂蚁。具体方法是，在 4 月，向待殖种的林地撒入驱蚂蚁药灭蚁灵，在殖种前一周再次驱蚂蚁。此外，殖种前需根据林地情况适当浇水。若土地太干，养殖人员可于殖种前一周浇一次水。最后，在殖种前对林地进行松土（图 15），同时浇适量水，使地面出现裂缝，为金蝉快速入土创造条件。

图 15　殖种前松土

## 二、殖种方法

殖种方法主要有两种：挂卵枝和撒蝉蚁。养殖人员可根据环境条件选择合适的方法。

挂卵枝：挂卵枝是传统的殖种方式。若外界气候适宜，蝉卵成活率则较高。挂卵枝时间一般在5~6月。已用水浸泡催醒的卵枝在孵化室孵化。待卵枝内的蝉卵发育到红眼期时，养殖人员即可以挂枝。每棵树挂枝的数量根据树的大小、长势而定。例如，2~3年生的榆树每棵挂30~50枝，2~3年生的果树每棵挂10~15枝。将卵

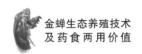
枝扎成一束，固定在树干周围约 1.5 m 高处。（图 16）
挂的卵枝需要保持一定湿度。根据外界环境，一般在挂
完卵枝后，养殖人员每隔 3~5 天应向卵枝喷水，在挂卵
枝一周后给树木浇水。约半个月后挂枝的蝉蚁会下地钻
入土中。蝉蚁下地后土壤要保持一定湿度。一般表面干

图 16　挂卵枝

土层不能超过 2 cm，一直控制到榆树、果树等落叶之前。开始杂草不多，可以不除。到 7 月上旬，杂草吸收大量水分，长势过旺，需要及时清除。

撒蝉蚁：在不利于挂枝或水源不充足的环境中，可以选择撒蝉蚁，时间一般在 5~7 月。

在温度与湿度适宜、通风良好的情况下，经过 15~20 天，卵枝的蝉蚁即可孵化出来。养殖人员需提前准备承接蝉蚁的布和营养土。布可以选用透水的软布。营养土可用林间杂草沤肥后与沙土混合制成。在蝉蚁孵出的前一周，在卵枝下方用布承接蝉蚁（图 17）。待蝉蚁陆续孵化出来并掉落在布上，将蝉蚁统一收集后转移至营养土中（图 18）。蝉蚁不能缺水，故承接蝉蚁的布要保持湿润，营养土也要及时补水，湿度以营养土手握成团、掉地即散为佳。

撒蝉蚁的具体时间一般在 17~19 时，因为此时日光较弱，紫外线对蝉蚁的伤害较小。一般选择树龄在 3 年以内的榆树，以树干为中心，环绕树干均匀播撒蝉蚁（图 19）。树龄越小，撒蝉蚁时距树干的半径范围越小，就越便于蝉蚁下地后快速入土，找到合适的根系生长。如针对一年生榆树，养殖人员可以在距树干半径 10 cm 范围内撒蝉蚁。

林地的湿度要控制好。在撒蝉蚁之后的 20 天内，表面干土层不能超过 2 cm；20 天后表面干土层不能超过

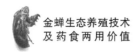

图 17　在卵枝下方用布承接蝉蚁

图 18　将蝉蚁转移至营养土中

图 19　撒蝉蚁

5 cm，一直控制到榆树、果树等落叶之前。杂草不多时可以不除，起到保水和降低地表温度的作用。7月上旬，杂草吸收大量水分，长势过旺，需要及时清除。

若虫入土后需要在地下生长2~3年。第一年从6月开始生长，当年体重为1~2 g，全身呈乳白色；第二年体重为2~4 g，全身颜色变深；第三年夏季出土，体重为4~5 g，若虫成熟呈褐色。根据体色和体重大小可判断若虫所处的年龄段。

### 三、殖后管理

殖种后一般不需要特别管理，只需正常管理林地即可。有以下几点要注意：一要注意日常及时清理林间杂草，加强对林木的土肥水管理。施肥尽量施用腐熟的有机肥、土杂肥或沤制的绿肥，不可使用有腐蚀性的化肥。如遇天气特别干旱，可对林地适当浇水，以保持林木生长状态良好。二要注意排水防涝，避免积水，防止金蝉窒息而死。三要注意看护，严防人畜践踏，防止虫害尤其是蚂蚁的侵害，用药饵彻底将蚂蚁驱除干净。四要注意冬季不要除去落叶，可在林间殖种区域覆盖一层麦秸、稻草等，以保证地温，防止冻害。

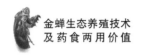
# 第五节　采收与贮存

## 一、若虫的采收

每年 6 月至 7 月下旬是采收若虫的适宜时间。若虫的出土以雨后最为集中。每次雨后都会形成出土的高峰。采收若虫前应把林中杂草清理干净，以免若虫出土爬到草上，给采收造成困难。采收前可在树干 100～130 cm 处缠一圈约 5 cm 宽的塑料胶带（图 20），以使若虫出土后不会爬得太高，便于采收。采收方式有两种：一种是人工采收，即利用手电筒照明，于 19～24 时在树干上觅捉。（图 21）将从树上采收下来的若虫直接放入盛有水的容器里。容器中的水每 4～6 小时更换一次，使若虫休眠而不蜕变，以保持新鲜品质。另一种是借助金蝉捕捉器采收（图 22），省时省力，采收效率高。

图20　在树上缠胶带

图21　人工采收若虫

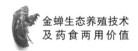

图 22　借助金蝉捕捉器采收若虫

## 二、蝉蜕的采收

蝉蜕采收方式主要有两种。一种是待若虫在自然状态下蜕壳（图 23）后采收，即用胶带阻止金蝉向上爬，待其自然蜕壳后人工采收，用水洗净后晾干；另一种是先捕捉若虫后水洗，再将若虫放在人工搭起的网箱内，静待其羽化后采收，（图24）晾干。后一种方式是提升蝉蜕药材品质的采收方式，所采收的蝉蜕不仅泥沙少，而且生物活性成分损失较少。

图23　若虫在树上羽化后留下蝉蜕

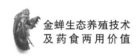
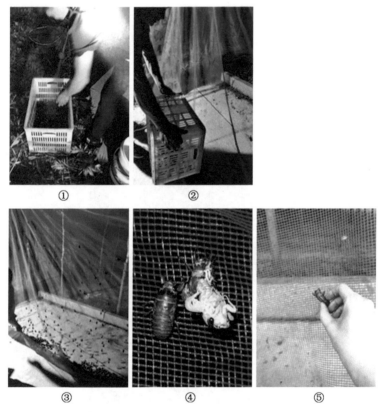

①—用水清洗若虫；②—将水洗后的若虫倒于网箱内；
③—若虫沿网向上爬；④—若虫在网上蜕变；⑤—采收网上蝉蜕。

**图24　水洗若虫并待其羽化后采收蝉蜕**

## 三、储存

　　将采收的金蝉用清水洗去泥沙并捞出后，用开水煮20秒左右至全身金黄鲜亮，捞出放在冷水里降温，装入盛水的塑料瓶中进行冷冻即可长期储存，或通过速冻后再冷藏储存。目前储存方式以冷冻储存为主。

　　采收的蝉蜕晾干后置于通风干燥处储存，也可包装出售。

# 第四章

## 金蝉药食两用价值

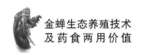
# 第一节 药用价值

## 一、历史沿革

蝉最早收载于《神农本草经》，记为"蚱蝉"："蚱蝉味咸，寒。主治小儿惊痫，夜啼，癫病，寒热。"

蝉蜕药用最早记载于《名医别录》，记为"枯蝉"："壳名枯蝉，一名伏蜟，主小儿痫，女人生子不出。"而后，《本草图经》亦记为"枯蝉"："医方多用蝉壳，亦此蝉所蜕壳也，又名枯蝉。"唐朝甄权在《药性论》中首次提到"蝉蜕"，后世皆沿用此名称。

唐代孙思邈《千金翼方》对蝉蜕产地有所记载，云："岳州出蝉蜕。"据考，唐代岳州今属湖南省岳阳市。这说明现在的湖南岳阳市为唐代蝉蜕的主产区。民国时期的《药物出产辨》记载："蝉蜕以产浙江省金华府兰溪县等为上，福建次之，惟背岭产者亦佳。"说明至民国，我国东南地区已成蝉蜕主产区之一，且以浙江产为上品。

我国古代多个中医药典籍中对蝉蜕的药用品种均有记载。陶弘景在《本草经集注》中记载："蝉类甚多。庄子云：蟪蛄不知春秋，则是今四月、五月小紫青色。而《离骚》云：蟪蛄鸣兮啾啾，岁暮兮不自聊，此乃寒螿耳，九月、十月中鸣甚悽（凄）急；又二月中便鸣者名蛚母，似寒螿而小；七月、八月鸣者名蛁蟟，色青。"《本草纲目》记载："俱方首广额，两翼六足，以胁而鸣，吸风饮露，溺而不粪。……夏月始鸣，大而色黑者，蚱蝉也……头上有花冠，曰蟪蝈……曰胡蝉……具五色者，曰蜋蜩……并可入药用。小而有文者，曰螓……小而色青绿者，曰茅蜩……秋月鸣而色青者，曰蟪蛄……小而色青赤者，曰寒蝉……未得秋风，则瘖（暗）不能鸣，谓之哑蝉……二三月鸣，而小于寒蝥（螿）者，曰蛚母。并不入药。"《本草衍义》曰："蚱蝉，夏月身与声皆大者是，始终一般声，仍乘昏夜方出土中，升高处，背壳坼蝉出。"从上述古代中医药典籍中对蝉蜕的形态特征描述可知，文献中记载的蝉蜕并非一个品种，有蟪蛄、寒蝉、蚱蝉、胡蝉、蜋蜩、茅蜩、哑蝉等，但是否均可入药，记载并不完全一致。

自 1963 年起，蝉蜕作为中药材开始被《中华人民共和国药典》（以下简称《中国药典》）收录。《中国药典》（2020 版一部）对蝉蜕的性状描述如下：本品略呈椭圆形，稍弯曲。长约 3.5 厘米，宽约 2 厘米。表面黄棕色，半透明，有光泽。头部有丝状触角 1 对，多已断落，复眼突出。额部先端突出，口吻发达，上唇宽短，

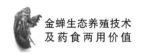

下唇伸长成管状。胸部背面呈十字形裂开，裂口向内卷曲，脊背两旁具有小翅 2 对；腹面有足 3 对，被黄棕色细毛。腹部钝圆，共 9 节。体轻，中空，易碎。气微，味淡。

《中国药典》将黑蚱蝉收载为蝉蜕药材的唯一法定基原物种。但近年来蝉蜕临床应用需求量增加，市售蝉蜕药材品种混乱。我们对来自 25 个地区的 38 批商品调查后发现：当前市售蝉蜕药材至少有黑蚱蝉、山蝉、华南蚱蝉、蟪蛄、北京僚蝉、鸣鸣蝉和焰螓蝉七个基原（图 25），同批次药材可能有 2~3 个基原混用情况（图 26），蝉蜕药材质量稳定性得不到保障。这大概是正品黑蚱蝉资源短缺所致。

近年来，江苏省徐州沛县鹿楼镇和丰县华山镇致力发展林下经济，已建成有一定规模且技术成熟的金蝉人工生态养殖产业。当地所产金蝉正是《中国药典》规定的蝉蜕的法定基原物种黑蚱蝉（图 27）。因此，随着规模的不断扩大，经过科学的初加工，沛县鹿楼镇和丰县华山镇蝉蜕定能在一定程度上有效解决野生蝉蜕资源短缺问题，不但能为蝉蜕药用资源的可持续利用提供保障，也能为蝉蜕药材质量稳定可控打下坚实基础。

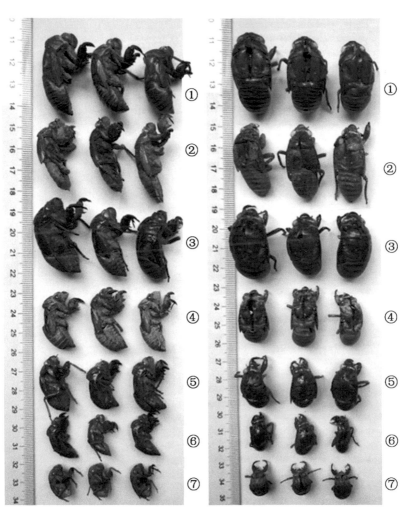

①—黑蚱蝉；②—山蝉；③—华南蚱蝉；
④—北京僚蝉；⑤—焰螓蝉；⑥—鸣鸣蝉；⑦—蟪蛄。

图25 市售蝉蜕药材正、侧面观

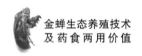
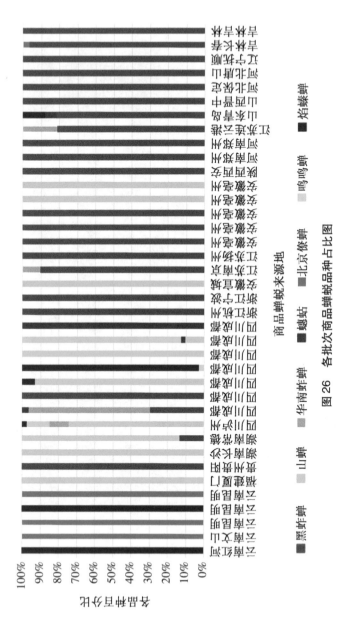

图 26　各批次商品蝉蜕品种占比图

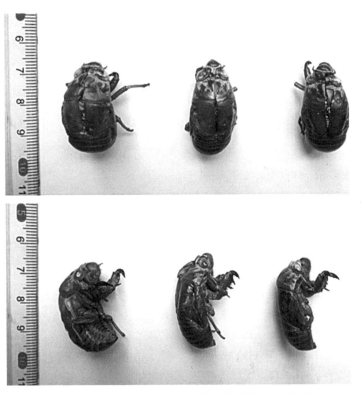

图27　徐州沛县鹿楼镇和丰县华山镇蝉蜕正、侧面观

## 二、功效及临床应用

### （一）功效

《中国药典》（2020 年版一部）记载：蝉蜕性甘，寒，归肺、肝经，具有疏散风热、利咽、透疹、明目退

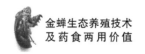
翳、解痉的功效，用于治疗风热感冒、咽痛音哑、麻疹
不透、风疹瘙痒、目赤翳障、惊风抽搐、破伤风。

## （二）临床应用

蝉蜕的临床应用包括古籍经典方和现代验方两方面。

古籍经典方中记载了蝉蜕在治疗小儿疾病、眼疾、
皮肤病、呼吸系统疾病及肢体肌肉异动痉挛等方面的应
用。现代医者在古籍经典方基础上临证化裁，随证加减，
自拟诸多现代验方，在治疗新型冠状病毒肺炎、消化系
统疾病、小儿夜啼、心绞痛、癫痫、肾炎、角膜炎等方
面皆有涉及，拓展了蝉蜕的应用范围及空间。

### 古籍经典方记载

◎ 蝉蜕用于治疗小儿疾病，包括小儿发热、咳嗽、
头风、慢惊等。如《医学衷中参西录》中记载凉解汤：
"治温病，表里俱觉发热，脉洪而兼浮者。薄荷叶（三
钱），蝉退（去足土，二钱），生石膏（捣细，一两），
甘草（一钱五分）。"《小儿卫生总微论方》记载蝉壳汤：
蝉壳（去土，微炒）、人参（去芦）、五味子各一两，陈
皮、甘草（炙）各半两，共为细末，每服半钱，生姜汤
下，无定时，主治咳嗽、肺壅。《太平圣惠方》记载蝉
壳散："蝉壳（二两微炒），上捣细罗为散，每服，不计
时候，以温酒调下一钱"，主治风、头旋脑转。《仁斋直

指小儿方论》中提及蝉蝎散：全蝎七个（去尾尖），蝉壳二十一个，甘草（炙）二钱半，大南星（炮香）一个。上为末。每服半钱，加生姜、大枣，水煎服，主治慢惊。

◎蝉蜕用于治疗眼疾。如孙思邈在《银海精微》中首创蝉花散：谷精草（去土）、菊花、蝉蜕、羌活、甘草、蔓荆子、蒺藜、草决明、防风、川芎、栀子仁、密蒙花、荆芥穗、木贼，上各等分为末。每服2钱，食后用清茶调服，或荆芥汤调服，治疗肝经蕴积热毒伤肝，上攻于目，赤肿多泪羞明。

◎蝉蜕用于治疗皮肤病。如《外科正宗》记载消风散：荆芥、防风、牛蒡子、蝉蜕、当归、生地黄、石膏、知母、苦参、苍术、胡麻各一钱，甘草、木通各五分，用水二盅，煎至八分，食远服，诸药共奏祛风养血、清热除湿之功，治疗风湿浸淫血脉、风热湿疹、肌肤瘙痒。

◎蝉蜕用于治疗呼吸系统疾病。如《伤寒瘟疫条辨》中记载的升降散可祛风清热，升清降浊。该方由僵蚕、蝉蜕、姜黄、大黄四味药组成，既可理气，又能透邪。其中蝉蜕为气分药，升阳中之清阳。

◎蝉蜕用于治疗肢体肌肉异动痉挛等症。如《晋男史传恩家传方》中记载五虎追风散：蝉蜕一两、天南星二钱、明天麻二钱、全虫（带尾）七个、僵蚕七条（炒）。以上用水煎服，用黄酒二两为引，服前先将朱砂

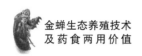

面五分冲下，每服后五心（两手心、两脚心和心窝）出汗即有效。此方具有祛风、化痰、止痉之功，可治疗破伤风角弓反张、牙关紧闭。

## 现代验方的应用

◎ 蝉蜕用于治疗皮肤病。王蕊娥自拟地蝉汤（含地肤子、蝉蜕、白鲜皮、僵蚕、蛇床子、防风等）治疗荨麻疹。马军妹采用苦蝉汤［含苦参、赤芍、白蒺藜、生地、蝉衣（蜕）、地肤子、防风、丹皮、当归、徐长卿、川芎、乌梅、生甘草］治疗荨麻疹。于香军等采用蝉蜕麻黄汤（含蝉蜕、槐花、炙麻黄、乌梅、黄柏、甘草、板蓝根）治疗慢性荨麻疹。崔文成等用蝉衣薄荷地肤方（含蝉蜕、薄荷、地肤子、浮萍、白鲜皮、滑石、生地黄、藿香、山药、金银花、连翘、板蓝根、焦神曲、生甘草）治疗小儿湿疹湿热证颇有疗效。消风散现今多被用于治疗特应性皮炎、过敏性紫癜、荨麻疹等皮肤病。张伟等将过敏性紫癜患者随机分为两组，分别给予抗组胺制剂联合维生素 C 和消风散加减治疗，发现消风散可有效改善凝血指标，抑制皮肤炎性反应。高珊珊等发现消风散加减治疗特应性皮炎可明显减轻临床症状，其治疗有效率高于盐酸西替利嗪片。韩松林等以丘疹、抓痕、血痂、皮肤瘙痒等症状积分为评估标准，发现消风散治疗糖尿病皮肤瘙痒症疗效显著。

◎ 蝉蜕用于治疗呼吸系统疾病。陈学勤等认为喉源性咳嗽多为素体阳虚、反复外感，嗜食烟酒、痰湿滞咽，劳倦过度或过服寒凉等引发，故自拟蝉蜕煎（含蝉蜕、僵蚕、荆芥、防风、桔梗、黄药子、陈皮、半夏、前胡、茯苓、夜交藤、甘草）治疗，全部显效。此方中，蝉蜕可祛风解痉、祛痰利咽，诸药合用，共奏止咳利咽、理气化痰之效。宋敏等自拟龙衣汤，以地龙、蝉蜕为主治疗肺脓肿，取得显著疗效。此方中地龙具有解痉、平喘作用，可以使痰排出，而蝉蜕有抗过敏、消炎、消肿作用，两者合用一排一消，相得益彰。于洋涛研究蝉衣（蜕）合剂对咳嗽变异性哮喘治疗的临床疗效，将患者随机分为西药（常规孟鲁司特钠片）组和中药（蝉蜕合剂）组。结果显示中药组的有效率高于西药组，表明蝉衣合剂加减方治疗咳嗽变异性哮喘效果确切，应用价值高。郑启仲运用升降散治疗扁桃体炎、肺炎等多种疾病，疗效明显。陈怡等运用升降散（含蝉蜕、僵蚕、姜黄、大黄、荆芥、薄荷、桔梗、焦栀子、连翘、玄参、麦冬、甘草、车前子）加减配合刺络放血法治疗儿童急性扁桃体炎，给对照组口服头孢呋辛酯，结果显示治疗组疗效显著优于对照组。

◎ 蝉蜕用于治疗新型冠状病毒肺炎。广州市第八人民医院中医科应用透解祛瘟颗粒［原名"肺炎 1 号方"，含连翘、山慈姑、柴胡、青蒿、蝉衣（蜕）、前胡、金

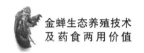

银花、黄芩、苍术、乌梅、黄芪、太子参、茯苓、鸡内金、川贝、玄参、土鳖虫〕治疗新型冠状病毒肺炎（轻症）确诊病人。经一周临床观察，患者体温全部恢复正常，50%患者的咳嗽症状消失，52.4%患者的咽痛症状消失，69.6%患者的乏力症状消失，无一例患者转重症。方中以连翘、山慈姑清解疫毒、化痰散结，二者共为君药；柴胡、青蒿、蝉衣（蜕）、前胡透热于外，与金银花、黄芩清上焦肺卫之热，苍术芳香避秽，诸药共为臣药；乌梅生津润肺、敛肺平喘，先安未受邪之地，黄芪、太子参共用益气养阴，茯苓、鸡内金健脾助运，川贝、玄参清化痰热，诸药共为佐药；土鳖虫理气通络，为使药。

◎ 蝉蜕用于治疗消化系统疾病。尹常建认为肝硬化腹水病因众多，治疗应遵循急则治标泻实，缓则治本补虚之原则，急则多用利水药，缓则用利水消肿、补肝肾、益脾气之药。尹教授自创蝉衣（蜕）利水方（含蝉蜕、芦根、白茅根、大腹皮、通草、炒莱菔子、滑石粉、车前子、冬瓜皮、牵牛子、水红花子、地骷髅、王不留行、泽兰、醋莪术、砂仁、黄芪、白术、茯苓、猪苓、甘草）治疗肝硬化腹水，疗效显著。蝉蜕在此方中起到宣散肺气、疏散肝气、通调水道之效。胡玉峰观察蝉衣（蜕）莱菔汤加减联合西药治疗肝硬化顽固性腹水的临床效果，选取顽固性肝腹水患者，随机均分为对照组和观察组，给对照组予以利尿、补充白蛋白、止血护肝等常规西药方案治疗，给观察组在常规治疗的基础上联合蝉衣（蜕）莱菔汤［含莱菔子（炒），水红花子，冬瓜皮，郁李仁，大腹，王不留行，车前子，蝉衣（蜕），豆蔻，砂仁，黑、白牵牛子，玉米须］加减治疗。结果显示，观察组的有效率显著高于对照组。蝉衣（蜕）在此方中起到宣散风热、解痉消肿的作用。陆敏等研究肠康方治疗腹泻型肠易激综合征的临床疗效，选取腹泻型肠易激综合征患者，随机分为肠康方（含熟地、菟丝子、川连、防风、白芍、金荞麦、蝉蜕）组和马来酸曲美布汀胶囊对照组。结果显示，两组临床疗效相当，但在改善患者腹泻、腹痛欲泻、烦躁易怒、心烦失眠、耳鸣等症状方面，肠康方组明显优于对照组。

◎ 蝉蜕用于治疗小儿夜啼。杨文庆等应用蝉蜕钩藤散（含钩藤、蝉蜕、白芍、木香、川芎、延胡索）加减治疗小儿夜啼，有效率显著高于对照组。李兰铮认为小儿夜啼多为心经积热所致，自拟蝉蜕清心汤［含蝉蜕、钩藤（后下）、玄参、竹叶、灯芯草、甘草梢］加减治疗小儿夜啼，全部治愈。

此外，蝉蜕在治疗心绞痛、癫痫、肾炎、角膜炎、帕金森病等方面均有疗效。朱梅等用具有益气活血、通络止痛之功效的通心络胶囊（含人参、蝉蜕、水蛭、全蝎、土鳖虫、蜈蚣、赤芍、冰片）治疗冠心病不稳定型

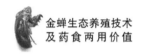
心绞痛，取得较好的治疗效果。谢杭珍等认为，癫痫病机为痰浊内盛、肝风扰动、气郁不行、血瘀阻滞，治疗当以祛风为主，而蝉蜕具有解痉的功效，长于治疗惊风抽搐、破伤风，故采用蝉蜕及其配伍治疗癫痫。安邦煜治疗急性肾炎，每日用蝉蜕煎水代茶饮5~7天，发现其对咽肿、发热、尿蛋白均有明显效果；对尿中有红细胞者，增加白茅根，水煎与蝉蜕同饮，数日可取效。张维炼巧用蝉蜕治疗病毒性角膜炎，对轻型患者拟蝉蜕银翘解毒汤（含蝉蜕、板蓝根、银花、连翘、栀子、防风、荆芥、薄荷、桔梗、甘草）以祛风、明目、退翳，清热解毒；对重型患者拟蝉蜕龙胆四物汤（含蝉蜕、益母草、龙胆草、生地、当归、桃仁、丹皮、黄芩、赤芍、柴胡、川芎、红花），疗效显著。刘小翠等认为眼角膜溃疡主要病机在肝火上炎，用蝉花散加减治疗：龙胆草、柴胡、香附、白芍、炒栀子疏肝、柔肝、泻肝；决明子、荆芥、蝉蜕、羌活、蒺藜、菊花、密蒙花、木贼祛风、退翳、明目；甘草、黄芩泻火解毒。徐大梅采用万应蝉花散（含蝉蜕、蛇蜕、川芎、防风、羌活、甘草、苍术、赤芍、当归、石决明）加减内服并外洗治疗春季结膜炎。任素华以加味五虎追风散（含蝉蜕、天南星、天麻、僵蚕、全蝎、大地棕根）联合多巴丝肼治疗帕金森病，发现联合治疗能够减轻患者认知功能损害，调控脑神经递质表达，延缓病情进展。陈炜等的研究表明，五虎追风散能减轻左旋多巴（帕金森病治疗药物）引发的异动症。秦浩等以加味五虎追风散（含蝉蜕、天南星、全蝎、天麻、僵蚕、防风、白附子、羌活、白芷）治疗重症破伤风患者，结果显示加味五虎追风散可以明显改善患者痉挛症状，缩短病程。罗丽丹等以加减五虎追风散（含蝉蜕、天南星、天麻、全蝎、僵蚕、羌活、蜈蚣、防风、白附片）结合按摩、热敷治疗周围性面神经麻痹患者，疗效显著。

## 三、蝉蜕的活性成分、药理作用及质量评价

### （一）活性成分

蝉蜕中的活性成分主要包括乙酰多巴胺聚合物、酚类、甲壳质、氨基酸、微量元素等。

有学者从蝉蜕中分离得到乙酰多巴胺二聚体和四聚体以及酚类化合物，其中乙酰多巴胺为昆虫黑色素的合成前体，且表现出较强的抗炎和抗氧化活性。

蝉蜕含甲壳质类成分，具有止血、抗凝血、促进细胞增殖分化、抑制肿瘤细胞增殖等作用。

蝉蜕中氨基酸种类丰富，包括游离氨基酸 12 种、水解氨基酸 17 种，其中甲硫氨酸、天冬氨酸、谷氨酸、甘氨酸、丙氨酸、酪氨酸的含量较高。

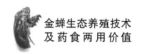
此外，蝉蜕含多种微量元素，其中铝的含量最高，其次是钙、铁、锌、锰、磷、镁。有研究发现蝉蜕具有抗惊厥作用可能与其含有大量铝和钙等微量元素有关。

（二）药理作用

1. 抗惊厥、镇静

Hsieh（谢）等发现，蝉蜕水提物能够有效缓解角叉菜胶诱导的大鼠高热，具有抗惊厥、镇静作用，机制可能与中枢 5-羟色胺能活性的增加有关。安磊采用戊四唑（PTZ）致小鼠惊厥模型对蝉蜕醇提物和水提物的抗惊厥活性进行考察。结果显示蝉蜕醇提物和水提物均有抗惊厥作用，其中水提物的直接抑制作用显著，且抗惊厥作用强度明显高于醇提物。

2. 平喘

王永梅等证实蝉蜕具有平喘作用，其机制不是直接舒张支气管平滑肌，而是通过改善白细胞介素 2、5（IL-2、IL-5）含量，缓解气道慢性炎症来实现的。徐树楠等采用离体气管环法对蝉蜕平喘机制进行深入研究，发现不同浓度蝉蜕提取物对于静息状态下的豚鼠支气管平滑肌的基础张力没有影响，同时对磷酸组胺和乙酰甲胆碱引起的豚鼠支气管平滑肌收缩均无拮抗作用，推测蝉蜕的平喘机制并非通过直接舒张支气管平滑肌发挥作用，可能是通过神经-体液-免疫系统的整体调节作用实现的。

### 3. 抗炎

Kim（金）等通过小鼠接触性皮炎实验探究蝉蜕的抗炎作用，发现蝉蜕甲醇提取物可有效抑制耳肿胀、增生等，其作用机制是通过减少炎症中肿瘤坏死因子 α（TNF-α）、干扰素 γ（IFN-γ）和白细胞介素 6（IL-6）的产生来介导的，表明蝉蜕有抗炎作用。Chang（常）等发现，蝉蜕明显改善辐照诱导的皮肤结构损伤，可通过调节活性氧（ROS）浓度、IL-6、基质金属蛋白酶（MMPs）产生抗氧化酶活性和细胞信号传导来保护皮肤细胞免受氧化损伤。Shen（沈）等研究发现蝉蜕主要通过调节先天性免疫系统和炎症反应系统来与免疫球蛋白A（IgA）的不平衡网络相互作用，从而起到抗感染治疗肾病的作用。于俊生等通过观察蝉蜕等对系膜增生性肾炎模型大鼠的治疗作用及对肾组织 Toll 样受体 4（TLR4）表达的影响，发现蝉蜕能改善脂质代谢，减少蛋白尿，抑制肾小球系膜细胞的增殖，减轻系膜基质积聚，其作用机制可能与抑制肾脏组织中 Toll 样受体 4 过度表达有关。王珏等通过实验发现蝉蜕提取物有明显的抑菌作用，推测其消炎功效与抑菌活性有关。

### 4. 抗变态反应

Shin（单）等发现蝉蜕水提取物能够显著抑制肥大细胞组胺释放，抑制全身性过敏反应。高仙灵等发现蝉蜕超微粉有明显的抗变态反应作用，且该作用与抑制肥

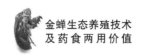
大细胞释放组胺有关。

### 5. 改善血液流变学

刘善庭等发现蝉蜕水提液对正常大鼠的血液流变学无显著影响，对高脂喂养的大鼠能显著降低其全血和血浆黏度、红细胞聚集指数、血清甘油三酯及总胆固醇水平，减少体外血栓形成。

### （三）质量评价

《中国药典》依据性状特征对蝉蜕进行了鉴别。目前国内外学者建立了多种分析方法对蝉蜕中乙酰多巴胺聚体、微量元素、氨基酸等成分进行定量评价。

杨璐等利用硅胶色谱柱、ODS 反相色谱柱和制备液相进行分离纯化，得到 3 种乙酰多巴胺二聚体，并采用超高效液相色谱法对黑蚱蝉的皮壳中 3 种乙酰多巴胺二聚体的含量进行测定，发现蝉蜕不同部位 3 种乙酰多巴胺二聚体的含量有明显差别：前螯含量>头部和胸部含量>腹部含量。曹馨慈等采用高效液相色谱法，同时对山蝉、华南蚱蝉、螳蜢与黑蚱蝉 4 个基原 40 批市售蝉蜕药材的 2 种乙酰多巴胺二聚体进行含量测定，并进行聚类分析。结果表明，40 批蝉蜕药材可聚为 3 类，但 2 种乙酰多巴胺二聚体的含量没有基原特征。黑蚱蝉基原的蝉蜕商品中乙酰多巴胺二聚体的含量差异较大，可能与不同来源的商品污染泥沙的量不同有关。此外，

Cao（曹）等采用超高效液相色谱-四极杆/飞行时间质谱法评价 4 个基原的蝉蜕质量一致性，结果发现其化学成分类型一致，共含有 34 种乙酰多巴胺多聚体类成分，其中包括 4 种乙酰多巴胺二聚体、11 种乙酰多巴胺三聚体、10 种乙酰多巴胺四聚体、9 种乙酰多巴胺五聚体（图 28），但其含量有差异，山蝉、华南蚱蝉与黑蚱蝉基原蝉蜕的化学成分含量较一致，而螳蚣与黑蚱蝉基原蝉蜕的化学成分含量差别较大。这表明山蝉和华南蚱蝉可能是蝉蜕的潜在资源。

A.

B.

C.

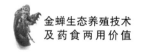
D. [化学结构图]

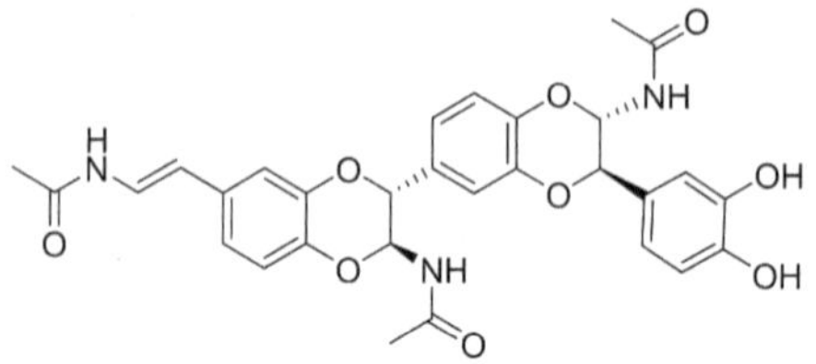

E. [化学结构图]

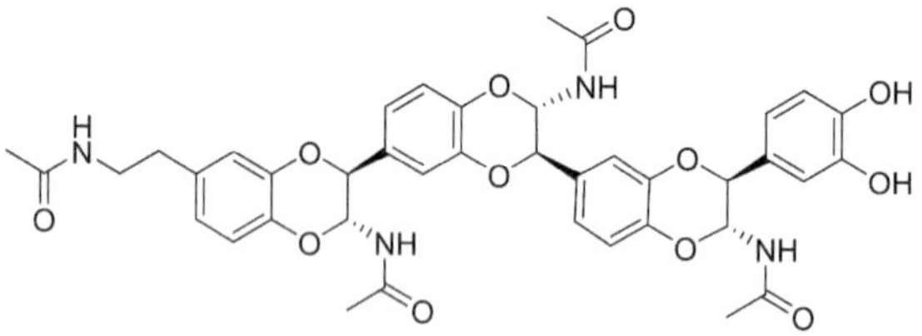

F. [化学结构图]

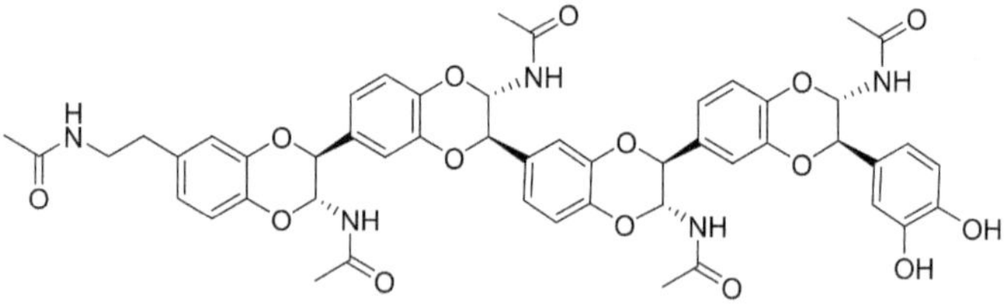

A—二聚体；B—二聚体侧链异构体；C—三聚体；
D—三聚体侧链异构体；E—四聚体；F—五聚体。

**图28　不同类型的乙酰多巴胺聚体化学结构**

Li（李）等利用电感耦合等离子体原子发射光谱法测定了蝉蜕中10种微量元素铝、镉、铬、铜、铁、镁、锰、镍、硒和锌的含量，并比较了干法灰化、湿法灰化和微波消解三种不同样品消解方法，结果表明微波消解法最好。肖垒等测定了黑蚱蝉、震旦马蝉、鸣蝉、蟪蝉、螗蝉、松寒蝉、螗蛄7个品种的蝉蜕中20种微量元素的含量，再结合主成分分析和聚类分析，发现特征微量元素为铝、砷、镓、铟、镁、铊，且不同种类蝉蜕间亲缘关系与微量元素含量差异存在一定的相关性。秦燕等测定了黑蚱蝉和山蝉基原的蝉蜕中 12 种微量元素的含量，结果表明黑蚱蝉基原蝉蜕中各元素含量较山蝉基原蝉蜕高。

邱峰等利用非完全消化-火焰原子吸收法测定蝉蜕中 4 种微量元素钙、铁、锰、锌的含量，结果与灰化法测定结果一致。这表明可用非完全消化法取代灰化法对蝉蜕进行样品预处理。李辉容等利用湿法消化法-火焰原子吸收光谱法快速测定蝉蜕中 6 种微量元素钙、铁、锌、锰、铜、镉的含量。

张楠等利用柱前衍生化反相高效液相色谱法测定了黑蚱蝉基原蝉蜕中 3 种氨基酸——天冬氨酸、酪氨酸和缬氨酸的含量，发现河南、河北和山东地区产蝉蜕中氨基酸的总量相对较高。

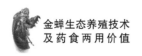
# 第二节　食用价值

## 一、营养成分

金蝉若虫在营养成分的组成上具有高蛋白、低脂肪，富含钙、铁、锌且氨基酸组成较合理的特点，是一种食用价值较高的动物性食物源。具体营养成分见表3。

由表3可知，金蝉若虫蛋白质含量高于猪肉、牛肉、鸡肉等常见的动物性食物的蛋白质含量，而脂肪含量明显低于上述常见动物性食物的脂肪含量，这说明金蝉若虫是一种高蛋白、低脂肪的动物性食物。金蝉若虫中钙、铁、锌的含量均高于常见的动物性食物的含量。钙、铁、锌均是我国居民容易缺乏的营养素。金蝉若虫中钙、铁、锌的含量丰富，是这几种无机元素的良好来源。但与其他动物性食物相比，金蝉若虫中维生素 A 和维生素 E 的含量不占优势。

表 3　金蝉若虫和一些动物性食物的营养成分比较[1]

| 食品种类 | 蛋白质 /g | 脂肪 /g | 糖类 /g | 钙 /mg | 铁 /mg | 锌 /mg | 维生素 A /μg | 维生素 E /μg |
|---|---|---|---|---|---|---|---|---|
| 金蝉若虫 | 21.4 | 2.6 | 4.3 | 133 | 18.7 | 12.52 | 9 | 0.65 |
| 猪肉 | 13.2 | 37.0 | 2.4 | 6 | 1.6 | 2.06 | 14 | 0.49 |
| 牛肉 | 18.1 | 13.4 | 0 | 8 | 3.2 | 3.67 | 9 | 0.22 |
| 鸡肉 | 19.4 | 5.0 | 2.5 | 3 | 0.6 | 0.51 | 16 | 0.22 |
| 鸡蛋 | 12.8 | 11.1 | 1.3 | 44 | 2.3 | 1.01 | 194 | 2.29 |

注：1. 表中数据为每 100 克食品中营养成分的量。

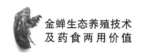
单位：mg

表 4 金蝉若虫和一些动物性食物中的主要氨基酸比较[1]

| 食品种类 | 异亮氨酸 | 亮氨酸 | 赖氨酸 | 甲硫氨酸+半胱氨酸 | 苯丙氨酸+酪氨酸 | 苏氨酸 | 色氨酸 | 缬氨酸 | 总计 |
|---|---|---|---|---|---|---|---|---|---|
| 金蝉若虫 | 36.0 | 74.5 | 46.7 | 33.3 | 134.4 | 36.0 | 16.1 | 63.1 | 440.1 |
| 猪肉 | 39.3 | 69.2 | 68.5 | 25.6 | 60.1 | 35.4 | 11.5 | 44.6 | 354.2 |
| 牛肉 | 44.6 | 80.2 | 87.1 | 37.6 | 76.0 | 45.9 | 11.0 | 49.1 | 431.5 |
| 鸡肉 | 42.1 | 70.8 | 73.7 | 33.3 | 68.0 | 38.7 | 11.7 | 43.8 | 382.1 |
| 鸡蛋 | 48.8 | 81.1 | 65.9 | 47.1 | 86.4 | 44.7 | 17.2 | 54.2 | 445.4 |
| 标准[2] | 40.0 | 70.0 | 54.0 | 35.0 | 53.0 | 40.0 | 10.0 | 50.0 | 352.0 |

注：1. 表中数据为每克食品中各类氨基酸的量。
2. 来源于联合国粮农组织、世界卫生组织资料（1973）。

表 5　金蝉若虫和一些动物性食物脂肪酸含量比较

单位：%

| 食品种类 | 月桂酸 | 豆蔻酸 | 棕榈酸 | 棕榈油酸 | 硬脂酸 | 油酸 | 亚油酸 | 亚麻酸 | 花生酸 |
|---|---|---|---|---|---|---|---|---|---|
| 金蝉若虫 | 0.16 | 0.70 | 12.30 | 1.70 | 65.40 | 17.20 | 0.40 | 0.10 | 0.70 |
| 猪肉 | 0.50 | 1.50 | 23.10 | 2.50 | 11.30 | 42.90 | 10.30 | 0.90 | 0.30 |
| 牛肉 | — | 3.80 | 26.40 | 4.10 | 19.70 | 36.90 | 3.60 | 0.70 | 0.10 |
| 鸡肉 | 痕量 | 0.90 | 24.80 | 4.70 | 7.20 | 36.50 | 31.50 | 2.10 | 0.80 |
| 鸡蛋 | 0.40 | 0.60 | 26.40 | 4.10 | 8.00 | 41.70 | 14.20 | 0.10 | — |

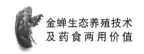
　　由表4可知，金蝉若虫中的必需氨基酸含量丰富，比鸡肉、牛肉、猪肉的都高，略低于鸡蛋中的含量。金蝉若虫的限制性氨基酸为赖氨酸，甲硫氨酸含量充足，若与大豆等食物同时食用，可提高营养价值。

　　由表5可知，金蝉若虫的脂肪酸组成与其他常食用的肉类食物一样，以饱和脂肪酸为主，但以硬脂酸的比值为最高，占总量的近2/3，其次是油酸。已有研究表明，这两种脂肪酸对胆固醇的作用是中性的（既不升高也不降低胆固醇水平）。而可使胆固醇升高的脂肪酸包括月桂酸、豆蔻酸和棕榈酸，在金蝉若虫中含量均较低。因此，金蝉若虫是一种较为健康的食品。

## 二、食用方法

### （一）直接食用

　　油煎金蝉：向锅里放适量油，烧热后把金蝉倒入锅中，来回翻炒约1分钟（等水不再乱溅为止），用锅铲将每只金蝉压扁，边压边翻炒，待全部压扁同时金蝉表面呈小糊状时，再放少量油进行翻炒（上色去糊），随即放入花椒、姜丝、辣椒等（依据个人口味加入不同佐料），待花椒微变煳就关火，最后撒点盐来回翻炒均匀即可出锅装盘。

烧烤金蝉：直接将洗净的金蝉串在竹签上，置于铁板或烤炉上加热至熟，撒上孜然和食盐即可。此食用方法简单，且保留了金蝉的原味。

沙拉金蝉：将金蝉按上述方法油煎至熟，装盘后在金蝉表面浇上沙拉酱即可。

寿司金蝉：金蝉洗净后油煎至熟备用，将胡萝卜、黄瓜切成细长条，将胡萝卜用少油煎熟，备用。将米饭蒸熟后加入寿司醋搅拌均匀。把紫菜片平铺在竹帘上，在紫菜片上平铺适量米饭，用勺子压平整，将胡萝卜条、黄瓜条放在米饭上面，用竹帘卷紧实，成型后切开成圆形的寿司卷，再将油煎金蝉涂上沙拉酱后固定在寿司卷上即可。

### （二）商品加工

金蝉罐头：将洗净的金蝉放入盐水中浸泡半小时，捞出沥干水，向清水中放入葱、姜、花椒等，煮熟后加盖灭菌，密封制成盐渍罐头。

需注意的是，一般人食用金蝉是安全的，但也有极个别过敏体质的人在食用后出现过敏反应，因此过敏体质者应谨慎食用。

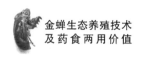

# 参考文献

一、著作类

［1］国家药典委员会. 中华人民共和国药典：一部［M］. 2020 年版. 北京：中国医药科技出版社，2020.

［2］寇宗奭. 本草衍义［M］. 颜正华，常章富，黄幼群，点校. 北京：人民卫生出版社，1990.

［3］李建生，高益民，卢颖. 中国动物药现代研究［M］. 北京：人民卫生出版社，2010.

［4］李时珍. 金陵本《本草纲目》新校正［M］. 钱超尘，温长路，赵怀舟，等校. 上海：上海科学技术出版社，2008.

［5］尚志钧. 神农本草经辑校［M］. 北京：学苑出版社，2014.

［6］苏敬. 新修本草［M］. 太原：山西科学技术出版社，2013.

［7］苏颂. 本草图经［M］. 辑校本. 尚志钧，辑校. 北京：学苑出版社，2017.

［8］孙思邈. 千金翼方［M］. 鲁兆麟，彭建中，魏富有，点校. 沈阳：辽宁科学技术出版社，1997.

［9］陶弘景. 本草经集注［M］. 辑校本. 尚志钧，尚元胜，辑校. 北京：人民卫生出版社，1994.

［10］张保国，张大禄. 动物药［M］. 北京：中国医药科技出版社，2003.

［11］赵荣艳，段毅. 金蝉养殖与利用［M］. 北京：金盾出版社，2012.

［12］甄权. 药性论［M］. 辑释本. 尚志钧，辑释. 合肥：安徽科学技术出版社，2006.

**二、中文期刊、论文类**

［13］安邦煜. 蝉蜕治热病、急性肾炎［J］. 中医杂志，1994，35（7）：389.

［14］安磊. 蝉蜕的抗惊厥作用［J］. 中国医药导报，2008，5（15）：35-36.

［15］曹馨慈，徐金娣，孔铭，等. 蝉蜕 HPLC 定量分析方法的建立和质量评价研究［J］. 中草药，2020，51（7）：1909-1913.

［16］陈仁山，蒋淼，陈思敏，等. 药物出产辨（十八）［J］. 中药与临床，2013，4（5）：65.

［17］陈炜，梁健芬，蒋凌飞，等. 五虎追风散治疗左旋多巴诱发异动症的临床疗效［J］. 中国老年学杂志，2015，35（4）：914-915.

［18］陈学勤，苏志明. 蝉蜕煎治疗喉源性咳嗽 42 例［J］. 湖北中医杂志，2000，22（6）：11.

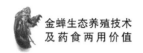
［19］陈怡，王剑，何维．升降散合刺络放血法治疗儿童急性扁桃体炎卫分证临床观察［J］．中国中医急症，2014，23（8）：1431-1433．

［20］冯璐，卫严蓉，崔文成．崔文成教授用蝉衣薄荷地肤方治疗小儿湿疹湿热证经验［J］．世界最新医学信息文摘，2019，19（80）：252．

［21］高珊珊，郭林涛，鲍身涛，等．消风散加减治疗特应性皮炎风湿蕴肤证的临床研究［J］．北京中医药，2019，38（11）：1139-1141．

［22］高仙灵，红琳，贾红梅，等．蝉蜕超微粉抗变态反应作用及初步机制研究［J］．黑龙江畜牧兽医，2015（12）：22-25．

［23］韩松林，李世云．消风散加减治疗糖尿病皮肤瘙痒症临床观察［J］．实用中医药杂志，2019，35（11）：1301-1302．

［24］胡玉峰．蝉衣莱菔汤加减联合西药治疗肝硬化顽固性腹水疗效分析［J］．基层医学论坛，2016，20（29）：4136-4137．

［25］李辉容，贾芳．蝉蜕中微量元素 Ca、Fe、Zn、Mn、Cu、Cd 的测定［J］．绵阳师范学院学报，2008，27（11）：55-58．

［26］李兰铮．蝉蜕清心汤治疗小儿夜啼 46 例［J］．实用医学杂志，2000：16（1）：75．

［27］刘昌孝，王玉丽，张洪兵，等. 基于新型冠状病毒感染防控需求，重视中药科学研发与应用［J］. 中草药，2020，51（6）：1361-1374.

［28］刘善庭，李建美，王立赞，等. 蝉蜕对大鼠血液流变学影响的实验研究［J］. 中医药学报，2004，32（3）：56-58.

［29］刘小翠，刘学政，刘新桥. 蝉花散治疗眼角膜溃疡经验［J］. 吉林中医药，2012，32（3）：313.

［30］鲁文元. 梨树栽培及管理技术［J］. 栽种培育，2016（26）：25.

［31］陆敏，谢慧，樊欣钰，等. "肠康方" 治疗腹泻型肠易激综合征 43 例临床研究［J］. 江苏中医药，2015，47（11）：27-29.

［32］罗丽丹，罗绪. 加减五虎追风散为主治疗周围性面神经麻痹 53 例疗效观察［J］. 四川中医，2011，29（4）：75-76.

［33］马军妹. 苦蝉汤加减治疗荨麻疹 85 例［J］. 陕西中医，1999，20（10）：467.

［34］秦浩，吴凤影，魏金刚. 五虎追风散配合咪达唑仑治疗重症破伤风患者痉挛的临床效果与安全性分析［J］. 世界中西医结合杂志，2019，14（2）：250-253.

［35］秦燕，高士贤，邓明鲁. 蝉蜕与金蝉衣的微量元素分析［J］. 微量元素与健康研究，1993，10（3）：22-23.

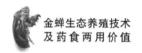
［36］邱峰，刘立行，马蔷. 非完全消化-火焰原子吸收法测定蛇蜕及蝉蜕中微量元素［J］. 沈阳药科大学学报，2005，22（2）：115-118.

［37］任素华，杨春旭，魏晓. 加味五虎追风散联合多巴丝肼对肾虚血瘀型帕金森病合并轻度认知障碍患者的临床疗效［J］. 中成药，2020，42（5）：1191-1195.

［38］宋敏，宋曼萍. 自拟"龙衣汤"治疗肺脓肿38例［J］. 中医药信息，2001，18（3）：30.

［39］孙传秀，张永. 尹常健应用蝉衣利水方加减治疗肝硬化腹水验案［J］. 实用中医药杂志，2016，32（9）：919.

［40］王灿楠，丛宁. 蚱蝉幼虫的营养成分研究［J］. 营养学报，2002，24（4）：447-448.

［41］王珏，田强强，陶刚，等. 蝉蜕活性成分的提取及其抑菌活性的研究［J］. 昆虫知识，2010，47（6）：1109-1112.

［42］王蕊娥. 自拟地蝉汤治疗荨麻疹83例［J］. 陕西中医，1998，19（5）：195.

［43］王永梅，徐树楠，张美玉，等. 蝉蜕对哮喘大鼠模型支气管和肺组织形态学及血清中 $TXB_2$ 和 6-keto-$PGF1\alpha$ 的影响［J］. 中药药理与临床，2007，23（6）：45-47.

［44］温平生. 金蝉养殖技术［J］. 农家科技，2014（1）：39.

［45］肖垒，袁鑫，汪华锋，等. 浙江天目山地区蝉蜕微量元素含量测定及分析［J］. 浙江中医药大学学报，2015，39（5）：378-382，390.

［46］谢杭珍，林光斌. 蝉蜕及其配伍治疗小儿癫痫的临床应用［J］. 中国民间疗法，2018，26（2）：39.

［47］徐大梅. 万应蝉花散治疗春季结膜炎100例临床观察［J］. 中国中医眼科杂志，2010，20（3）：172-173.

［48］徐树楠，王永梅，侯仙明，等. 蝉蜕对豚鼠离体气管环的作用研究［J］. 中药药理与临床，2008，24（2）：41-42.

［49］徐树楠，张美玉，王永梅，等. 蝉蜕镇咳、祛痰、平喘作用的药理研究［J］. 中国药理学通报，2007，23（12）：1678-1679.

［50］杨璐，李国玉，王航宇，等. 蝉蜕中乙酰多巴胺二聚体超高效液相色谱法多组分测定及其在药材中的分布［J］. 沈阳药科大学学报，2012，29（1）：31-35.

［51］杨璐，李国玉，王金辉. 蝉蜕化学成分和药理作用的研究现状［J］. 农垦医学，2011，33（2）：184-186.

［52］杨文庆，殷萍. 蝉蜕钩藤散治疗小儿夜啼32例临床观察［J］. 福建中医药，2002：33（1）：18.

［53］于俊生，杜雅静，汪慧惠. 蝉蜕、僵蚕对系膜

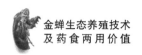
增生性肾小球肾炎模型大鼠肾组织 Toll 样受体 4 表达的影响 [J]. 中华中医药学刊, 2015, 33 (1): 7-9.

[54] 于香军, 丁兆吉, 魏延洲, 等. 蝉蜕麻黄汤治疗慢性荨麻疹 50 例 [J]. 陕西中医, 1996, 17 (11): 508.

[55] 于洋涛. 蝉衣合剂加减治疗咳嗽变异性哮喘的应用效果 [J]. 世界最新医学信息文摘, 2018, 1 (18): 140.

[56] 张楠, 刘劲松, 王国凯, 等. 柱前衍生化反相高效液相色谱法测定蝉蜕中 3 种氨基酸含量 [J]. 安徽中医药大学学报, 2017, 36 (2): 80-83.

[57] 张维炼. 蝉蜕在五官科疾病中的应用 [J]. 海峡药学, 1996, 8 (2): 49.

[58] 张伟, 葛美群, 王海平. 消风散加减治疗过敏性紫癜的临床疗效 [J]. 临床合理用药杂志, 2020, 13 (24): 141-142.

[59] 赵润怀, 贾海彬, 周永红, 等. 我国动物药资源供给现状及可持续发展的思考 [J]. 中国现代中药, 2020, 22 (6): 835-839.

[60] 赵子佳, 周桂荣, 王玉, 等. 蝉蜕的化学成分及药理作用研究 [J]. 吉林中医药, 2017, 37 (5): 491-493.

[61] 郑宏, 郑攀, 郑启仲. 郑启仲运用升降散治疗

儿科疾病经验［J］.中华中医药杂志，2014，29（6）：1864-1866.

［62］朱福兴，李建洪，王沫.昆虫的黑化机理［J］.昆虫知识，2007，44（2）：302-306.

［63］朱梅，李颖，薛绍杰.通心络胶囊治疗冠心病不稳定型心绞痛32例临床观察［J］.中国新医药，2003（1）：63.

［64］曹馨慈.蝉蜕商品调查与质量评价研究［D］.南京：南京中医药大学，2020.

三、外文资料

［65］CAO X C，ZHANG X Y，XU J D，et al. Quality consistency evaluation on four origins of Cicadae Periostracum by ultra-performance liquid chromatography coupled with quadrupole/time-of-flight mass spectrometry analysis［J］. Journal of Pharmaceutical and Biomedical Analysis，2020，179. 112974.

［66］CHANG T M，TSEN J H，YEN H，et al. Extract from Periostracum Cicadae inhibits oxidative stress and inflammation induced by ultraviolet b irradiation on HaCaT keratinocytes［J］. Evidence-based Complementary and Alternative Medicine，2017，2017：1-12.

［67］HSIEH M T，PENG W H，YEH F T，et al. Studies on the anticonvulsive，sedative and hypothermic effects of

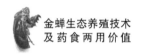
Periostracum Cicadae extracts[J]. Journal of Ethnopharmacology,1991,35(1):83-90.

[68] LI Y,LI Y L,GUO X J,et al. Comparison of dry ashing,wet ashing and microwave digestion for determination of trace elements in Periostracum Serpentis and Periostracum Cicadae by ICP-AES[J]. J Chil Chem Soc,2013,58(3): 1876-1879.

[69] KIM M,KIM H,RYU J,et al. Anti-inflammatory effects of *Cryptotympana atrata* Fabricius slough shed on contact dermatitis induced by dinitrofluorobenzene in mice [J]. Pharmacognosy Magazine,2014,10(38):S377-S382.

[70] SHEN P,HUANG D,JIANG J,et al. A study on the molecular mechanisms of cicada slough acting on IgA nephropathy[J]. International Journal of Clinical and Experimental Medicine,2016,9(3):6413-6420.

[71] SHIN T Y,PARK J H,KIM H M. Effect of *Cryptotympana atrata* extract on compound 48/80-induced anaphylactic reactions [J]. Journal of Ethnopharmacology, 1999, 66(3):319-325.

[72] XU M Z,LEE W S,HAN J M,et al. Antioxidant and anti-inflammatory activities of N-acetyldopamine dimers from Periostracum Cicadae[J]. Bioorgan & Medicinal Chemistry,2006,14(23): 7826-7834.